...métrie Transcendante.

RÉSOLUTION

DANS TOUTE LA RIGUEUR GÉOMÉTRIQUE

DU PROBLÈME

DE LA MULTISECTION DE L'ANGLE.

QUESTION

DE GRANDE ANALYSE

A RÉSOUDRE,

PROPOSÉE

Par H. F. Delaplanche.

A LYON,

CHEZ L'AUTEUR, RUE SAINT-PIERRE, No 8.

1832.

GÉOMÉTRIE

TRANSCENDANTE.

*Tous les exemplaires sont signés de la main
de l'auteur.*

LYON. — IMPRIMERIE DE J. M. BOURSY,
Rue de la Poulaillerie, n° 19.

RÉSOLUTION

DANS TOUTE LA RIGUEUR GÉOMÉTRIQUE

DU PROBLÈME

DE LA MULTISECTION DE L'ANGLE.

QUESTION

DE GRANDE ANALYSE

A RÉSOUDRE,

ET MISE AU CONCOURS.

Par H. F. Delaplanche.

A LYON,

CHEZ L'AUTEUR, RUE SAINT-PIERRE, No 8.

1832.

INTRODUCTION.

De tout temps les géomètres furent à la recherche de quelque vérité géométrique démontrée, mais dont la résolution était impraticable, souvent en apparence.

Le problème que je présente ici comme résolu était de nature à exciter l'émulation des géomètres, vu les avantages sans nombre que l'analyse peut en retirer.

Le problème est entièrement résolu, puisque je décris la courbe qui retranche une portion quelconque d'un arc de cercle quelconque en un nombre quelconque de parties égales. Si je me suis trop aventuré en avançant que cette courbe était généralement une hyperbole (et les géomètres savent qu'elle l'est dans un cas particulier); du moins j'ai laissé la question indécise et mise au concours. Si je n'eusse pas eu quelqu'autre question d'analyse de quelque importance à communiquer aux géomètres, j'aurais peut-être fini ce travail.

Si les inventeurs ne se rendent pas toujours entièrement possesseurs de leurs découvertes, c'est souvent par la lenteur de la marche qu'ils y mettent, et cette lenteur est souvent causée par d'autres intérêts particuliers. Je me suis, malgré moi, trouvé dans ce cas, ce qui m'a empêché de terminer cet important ouvrage.

Voulant cependant accélérer la propagation des lumières, j'ai cru qu'il était dans l'intérêt de la science de prier les géomètres de m'aider dans cette circonstance. Je me suis souvent fait cette question : si j'attendais plus tard, je trouverais peut-être ce qui me manque. Mais une autre pensée m'a fait renoncer à ce projet ; dans la vue d'être utile à mes concitoyens, je me suis dit : si les auteurs cherchaient à tout s'approprier par le temps, ils rendraient la marche de l'esprit humain trop lente. Ainsi, d'après ce principe, je me contente d'avoir résolu un grand problème, en donnant la description de la courbe qui convient dans tous les cas pour couper l'angle en raison donnée, ce que nous nommons multisection de l'angle.

Cette courbe existe, j'en ai la description générale. Que cette courbe soit allongée ou raccourcie, elle a toujours deux asymptotes ; je donne même l'angle qu'elles forment entr'elles, ce qui, en un mot, nous démontre que c'est toujours une hyperbole, comme nous le verrons plus tard.

Pour augmenter le merveilleux, c'est que l'hyperbole aurait par-là une nouvelle description et des propriétés qui n'étaient pas connues des géomètres, c'est de diviser à l'infini un arc de cercle quelconque en un nombre quelconque de parties égales, soit commensurables ou incommensurables, ce que nous rendons par le mot *multisection de l'angle*.

Je dois faire remarquer que les Anciens ont résolu le problème de la trisection de l'angle par l'hyperbole ; on trouvera, à la fin de cet ouvrage, un morceau que j'ai extrait et fait traduire des collections mathématiques de Papus d'Alexandrie, dans l'édition latine de 1589. J'ai dû faire mention de ce morceau curieux de l'histoire, afin que les géomètres ne me soupçonnent pas d'avoir rien pillé chez autrui.

L'ouvrage que je me suis proposé de publier à la suite de celui-ci contiendra d'autres problèmes et questions non moins importantes que celle-ci.

Je suis aussi l'inventeur d'un instrument universel pour tracer, d'un mouvement continu, un grand nombre de courbes, principalement

les sections coniques; voici jusqu'à présent celles
dont je suis en possession de décrire, d'un mouvement continu dans la rigueur géométrique,
à l'aide d'un instrument que je nomme *compas
de courbes;* savoir : toutes les ellipses, la parabole, toutes les hyperboles, toutes les cicloïdes,
tant allongées que raccourcies, même les épici-
cloïdes, la quadratrice de Dinostrate, la con-
choïde de Nicomède.

Cet instrument est d'une extrême simplicité,
ce qui en augmente le mérite; on peut facile-
ment le généraliser pour tracer les autres courbes. Je me propose d'en indiquer les moyens
dans l'ouvrage qui suivra de près celui-ci. Cet
instrument est particulièrement destiné à un
personnage illustre dont je ne ferai mention
qu'après l'acceptation; mais, auparavant, le public aura connaissance du mécanisme et de
l'ouvrage, qui sera mis à l'exposition.

On m'accusera sans doute de trop de témérité
en annonçant que cette nouvelle description et
propriété de l'hyperbole était inconnue aux géomètres; il est vrai que je ne me crois pas assez
instruit dans l'histoire de la géométrie pour
affirmer qu'aucun mathématicien n'est entré
dans les mêmes vues.

Je ferai seulement remarquer que j'étais en
possession de cette question en l'année 1813;

je fis, à cette époque, imprimer un petit ouvrage dont j'ai fait présent aux professeurs et
amateurs de cette science; je l'avais dédié à un
professeur distingué de notre ville, qui occupait
à cette époque la chaire de mathématiques. Je
n'eus aucune réponse de la question présentée,
je la donne ici de nouveau à la fin de cet ouvrage, quoiqu'elle contienne une erreur ; je
saisis cette occasion pour la relever, afin de
m'excuser auprès des géomètres, comme étant
ma première production dans cette science. Si,
depuis l'époque à laquelle j'ai publié l'ouvrage
dont je viens de faire mention, quelques géomètres s'étaient occupés du même problème
avec les mêmes données, je pourrais présumer
que c'est d'après l'indice que j'en avais donné
moi-même. Nonobstant toute contradiction qui
pourrait s'élever sur la part de découverte à
laquelle je peux prétendre, je m'en rapporterai
toujours à la décision des géomètres.

La question que je donne au public, soit
comme problème résolu ou à résoudre, présente, au premier abord, une singularité, en
ce que l'hyperbole se décrit d'une toute autre
manière que celle des géomètres; et cette différence vient de ce que les deux rayons vecteurs
ne sont pas placés de même : au lieu d'occuper
les deux foyers, ils sont placés à une portion

déterminée du grand axe. C'est cependant toujours la même courbe.

Une vérité ne se présente pas toujours sous la
même forme ni du même côté. Si, par un singu-
lier caprice, elle vient à soulever son voile, les
uns apercevront les traits de son visage par la
droite et d'autres par la gauche. C'est ainsi que
le grand Archimède, voulant carrer la parabole, lui inscrivit d'abord un triangle, puis deux
autres dans les deux segmens restans, quatre
autres dans les quatre segmens qui naissent des
précédentes, et huit autres, etc., à l'infini, de
tous les segmens suivans et triangles inscrits. Il
trouve, à l'aide des propriétés connues de cette
courbe, que tous ces triangles inscrits don-
naient une progression géométrique décrois-
sante, comme 1 $\frac{1}{4}$, $\frac{1}{16}$, $\frac{1}{64}$, etc. En appliquant
la sommation de cette progression, il trouve
qu'elle est égale à $1\frac{1}{3}$. Pour lors, dit ce grand
géomètre, la parabole est la somme de tous ces
triangles; elle est donc les $\frac{4}{3}$ du triangle ins-
crit, ou les $\frac{2}{3}$ du parallélogramme qui lui est
circonscrit.

Voilà, dit l'historien, le premier exemple de
quadrature vraie d'une surface courbe. Un autre
géomètre, d'après la méthode des indivisibles
de Cavaleri, dont le principe est de considérer
le rapport et la somme des élémens qui compo-

sent les figures qui croissent ou décroissent,
suivant une loi constante semblablement de la
base au sommet, a remarqué que ces figures
sont en même raison, ou, pour mieux dire, se
mesurent de la même manière. Ces principes
firent naître l'idée de comparaison entre les élémens qui composent une surface et les élémens
qui composent un solide.

Le rapport entre les plans élémentaires qui
composent une pyramide est le même que les
lignes élémentaires qui composent le triangle
mixtiligne extérieur à la parabole. Alors ce rapport étant le même, le triangle mixtiligne extérieur à la parabole se mesure donc comme la
pyramide ou le cône; maintenant, les plans élémentaires qui composent une pyramide sont
entr'eux comme les carrés de leur distance au
sommet. Aussi les lignes élémentaires qui composent le triangle mixtiligne extérieur à la parabole sont entr'elles comme les carrés de leur
distance au sommet. Puisque l'on a la mesure
de la pyramide en multipliant sa base par le
tiers de sa hauteur, l'on aura aussi la mesure du
triangle mixtiligne extérieur à la parabole en
multipliant la ligne de sa base par le tiers de sa
hauteur; ce qui nous prouve une seconde fois
que la parabole est les deux tiers du parallélogramme qui lui est circonscrit.

Par le même principe, on considère les cercles élémentaires qui composent la sphère dans le même rapport que les lignes élémentaires, parallèlement à l'axe qui compose une parabole, la sphère étant les deux tiers du cylindre qui lui est circonscrit; ce qui nous prouve, une troisième fois, que la parabole est les deux tiers du parallélogramme qui lui est circonscrit.

Il y a un quatrième moyen de carrer la parabole, c'est la propriété de la sous-tangente, qui est d'être toujours double de l'abscisse. Je ne m'étends pas davantage là-dessus, la vérité se fait apercevoir sous différens points de vue.

Je n'ai fait toutes ces comparaisons que pour montrer qu'il était aussi possible d'avoir plusieurs moyens de décrire l'hyperbole, comme nous en avons de carrer la parabole. Il y en a peut-être beaucoup d'autres qui nous sont inconnus.

Je n'ai point fait de démonstrations ni tracé de figures relativement à la quadrature de la parabole, pensant que les géomètres étaient plus instruits que moi là-dessus.

Comme il y a un grand nombre de personnes qui n'ont appris que la géométrie élémentaire, je me propose, dans l'ouvrage que je donnerai sous peu, de faire un article à part, qui ne laissera pas d'être extrêmement curieux, et fera

voir toutes les ressources qu'il a fallu se créer
pour parvenir à une si haute analyse.

En effet, les géomètres, désespérant de carrer
le cercle, ni même de le rectifier, furent con-
traints de se borner aux approximations, et ce
sont ces approximations auxquelles nous sommes
redevables des plus belles découvertes, telles
que le calcul des séries, la méthode des inter-
pollations, le calcul différentiel et intégral, et
le calcul exponentiel.

Dans d'autres courbes qui paraissent plus com-
posées que le cercle en apparence, ils y trou-
vèrent des rectifications, des quadratures, des
cubatures; la cicloïde, la parabole, le fuseau
hyperbolique, en sont des exemples remarqua-
bles; et d'autres que je ne nommerai pas, pour
être court autant que les bornes de ce petit
ouvrage me le prescrivent. Je borne là mes
réflexions. Passons à la solution du problème
résolu et à la question à résoudre.

GÉOMÉTRIE TRANSCENDANTE.

NOUVELLE DESCRIPTION

ET PROPRIÉTÉ

DE L'HYPERBOLE,

Où l'on fait remarquer qu'elle résout le problème de la multisection de l'angle.

(*Fig.* 1.re) — Soit un arc de cercle quelconque ADB et sa corde AB, et que sur cette corde on décrive une infinité d'arcs de cercle AFB, AHB soit la corde commune AB, divisée en un nombre quelconque de parties égales, et que cette infinité d'arcs de cercle soit divisée de la même manière, la ligne courbe qui passerait par tous les points de division correspondans serait une hyperbole.

On voit, par-là, que la description d'une hyperbole plus ou moins allongée dépend du choix du nombre de divisions que l'on aura pris pour la rendre plus ou moins elliptique, ce qui change l'angle des asymptotes, et cet angle des asymptotes sera connu lorsque le nombre de divisions de la corde et des arcs sera donné.

Supposons que nous voulions décrire une

hyperbole équilatère, dont on sait que l'angle des asymptotes est droit, le nombre quatre est celui que je dois employer. Pour cela, je prends sur la ligne AB la portion CB égale au quart de AB, et la portion de FB égale au quart de AFB, et ainsi de suite de tous les autres arcs que l'on aurait décrits sur la ligne AB. Nous aurions les points C,F,D,H, qui appartiennent à l'hyperbole équilatère.

Pour le démontrer, soit tiré une ligne AF et FB, l'angle ABF est triple de l'angle FAB, par la raison qu'un angle qui a son sommet à la circonférence a pour mesure la moitié de l'arc qu'intercepte ses côtés. Or, la moitié de l'arc AF égale l'angle ABF, et la moitié de l'arc FB égale l'angle FAB; puisque l'arc AF est triple de l'arc FB, l'angle ABF est triple de l'angle FAB (C.Q.F.D.).

Maintenant, pour trouver l'angle des asymptotes, il est facile de remarquer que l'hyperbole en question est décrite d'un mouvement continu par la révolution de la ligne AF autour du point A, et la révolution de la ligne FB autour du point B, avec cette condition précise que l'angle ABF doit être toujours triple de l'angle FAB, tel que l'angle DBA est triple de l'angle DAB, et ainsi de suite, jusqu'à ce que ces deux lignes, mises en mouvement pour décrire la courbe par leurs intersections continuelles au point C,F,D,H, deviennent parallèles entr'elles. Il est certain que ce parallélicisme ne peut manquer, puisque la ligne FB fait dans son mouvement circulaire trois fois plus de chemin que la ligne AF. Ces deux lignes seront donc parallèles lorsque l'angle FAB sera de 45°; l'angle FBA, devant être triple, sera de 135°, ce qui fait 180° pour la somme des deux angles; l'angle du sommet est donc évanoui, les deux lignes indéfinies AI, BG sont donc parallèles. On pourrait le prouver également par les angles alternes et internes; comme je parle à des géomètres, je dois être court autant que possible.

Le point C est le sommet de l'hyperbole, la ligne AC est le premier axe, par conséquent la ligne CB est égale au tiers du premier axe du point R sur le milieu de AC. Menons une ligne RM parallèle à AI, elle sera l'asymptote de l'hyperbole équilatère; maintenant, pour achever la figure, traçons l'autre branche de l'hyperbole en question avec l'hyperbole opposée. (*Fig.* 2.) Supposons que la ligne AF et BF, d'un mouvement circulaire et toujours dans le rapport des angles comme un est à trois, soit devenue la ligne Af et fB, la ligne courbe C, f, S est la seconde branche de l'hyperbole, le point A est le sommet de l'hyperbole opposée; sur le milieu de AC, tirons les lignes MRq et TRS, perpendiculaires l'une à l'autre, de manière que l'angle TRA soit de 45°. Ces deux lignes seront les asymptotes des deux hyperboles; l'hyperbole opposée VAq coupe les cercles en des points tels que qV dont je ferai connaître plus tard la propriété, mais l'autre branche de l'hyperbole dont nous venons de parler coupe le cercle en un point F qui est le quart de l'arc AFB, et coupe le même cercle au point H qui est le quart de l'arc BHA; donc l'arc FBH est de 45°, puisqu'il est le quart de tout son cercle; et si la corde AB est le diamètre du cercle ADBf, alors l'hyperbole qui le coupe en deux points D et f, l'arc DB égale l'arc Bf par la définition ci-dessus, l'arc D Bf est de 90° l'hyperbole opposée ne fait que toucher le cercle ADBf au point A, mais coupe tous les autres cercles en deux points.

On doit remarquer ici que l'hyperbole équilatère a la propriété de diviser un angle quelconque en quatre parties égales; les géomètres ne manqueront pas de me faire observer que la simple géométrie linéaire suffisait pour résoudre le problème dans ce cas, et que je n'avais nullement besoin d'aller chercher les propriétés d'une courbe : cela est très-vrai, mais chacun a ses raisons. Comme il est ici question de résoudre le problème de la multisection de l'angle, il fallait bien faire connaître le genre de courbes à employer dans tous les cas possibles ; alors ce sera toujours l'hyperbole, mais dont l'angle de leurs asymptotes variera selon le nombre de divisions que l'on aura choisi pour l'angle proposé à diviser.

Nous venons de démontrer que lorsque l'angle était droit, ce qui donne l'hyperbole équilatère, elle coupait un angle quelconque en quatre parties égales. Nous ferons voir maintenant que lorsque l'angle des asymptotes est de $120°$, elle coupe un angle quelconque en trois parties égales, chose qui était connue des anciens géomètres et par conséquent des modernes.

Mais ce qui était inconnu, c'est la propriété générale de l'hyperbole, de couper un angle quelconque en un nombre quelconque de parties égales ; ou, pour mieux dire, de résoudre le célèbre problème de la multisection de l'angle par l'hyperbole, car les géomètres ont résolu ce problème par la quadratrice de Dinostrate et autres courbes dont je m'abstiendrai de faire les démonstrations, n'ayant point eu l'intention d'écrire l'histoire de la géométrie, mais seulement de faire connaître une nouvelle propriété de l'hyperbole, qui n'était connue des géomètres que dans un cas particulier, qui est celui-ci.

Ayant une hyperbole décrite entre des asymptotes, formant un angle de 120° (*Fig.* 3.), si du sommet B de la courbe on prend sur le prolongement de l'axe une abscisse BC égale à la moitié du premier axe transverse AB, l'angle ACD est toujours double de l'angle DAC.

Par la construction, l'arc AB est double de l'arc DC et le tiers de l'arc ADC, et ainsi à l'infini de tous les arcs dont la ligne AB serait la corde commune. Il est aisé de sentir que le problème de la trisection de l'angle était parfaitement résolu; mais pour la multisection il n'était pas connu par l'hyperbole. Maintenant, pour prendre la cinquième ou septième partie d'un angle, ou enfin tout autre nombre, il fallait bien changer l'angle des asymptotes pour que l'hyperbole acquît cette nouvelle propriété.

Supposons que nous voulions diviser un angle quelconque en cinq parties égales, nous allons chercher sous quel angle des asymptotes est décrite l'hyperbole qui convient dans ce cas. Remarquons d'abord que la ligne AB, qui est le grand axe des deux branches hyperboliques ou la ligne des abscisses, est divisée en même nombre de parties que les arcs de cercle dont elle est la sous-tendante commune, par la raison qu'elle est considérée comme un arc de cercle infiniment petit d'un cercle infiniment grand.

Il ne faut pas croire que ce cercle infiniment

grand ni cet arc infiniment petit, soient une chose absurde et chimérique ; c'est, à la vérité, une question de grande métaphysique, mais qui est si palpable aux yeux et à l'imagination qu'il est impossible à un géomètre de s'y méprendre. Nous allons représenter le système hyperbolique dans son infiniment, petit comme dans son infiniment grand.

Supposons deux cercles (*Fig.* 4.) EAF, ADC, se touchant au point A, et que de ce point on tire les lignes EC, DF formant un angle quelconque au point A. Mais que les lignes DA, AC, AF, EA, soient toutes égales, ces lignes sont les asymptotes infiniment grandes d'une hyperbole infiniment petite. Le grand axe des deux hyperboles se trouve évanoui, puisqu'il est réduit au seul point A, les deux branches hyperboliques se trouvent aussi évanouies et confondues avec leurs asymptotes.

Là se trouvent l'infiniment petit et l'infiniment grand : infiniment petit, puisque l'hyperbole, ses foyers et ses axes, ses abscisses, ses ordonnées, se trouvent tous réduits au point A ; infiniment grand, puisque les branches asymptotiques ont terminé leur cours au point D,C,E,F. En effet, elles ne pouvaient couper un arc de cercle plus grand, puisque c'est l'entier ou 360°.

(*Fig.* 7.) Le point A peut avoir une infinité

de cercles : ACD, AGB, AHI. Comme la ligne AB avait une infinité d'arcs de cercle, la ligne AC parcourant toutes les divisions des cercles qu'elle traverse, coupe en des points G, H, C, et toujours en même raison, il y aurait là une démonstration de grande métaphysique à faire ; elle est réservée pour l'ouvrage suivant, qui aura pour titre : *Géométrie sublime, métaphysique et philosophique.*

(*Fig.* 5.) Le point A, représentant la ligne AB, ne peut pas représenter le cercle entier sans anéantir la courbe ; mais, en revanche, on a leurs asymptotes en entier qui se seraient prolongées à l'infini, si l'hyperbole ainsi que ses axes eussent existé, à cause que la ligne AB représente un arc de cercle infiniment petit d'un cercle infiniment grand.

En effet, l'arc AFB est bien plus près de se confondre avec la ligne AB que l'arc AEB. Ainsi la ligne AB est le plus petit arc de cercle. La ligne GB est le cinquième de AB, comme l'arc FB est le cinquième de l'arc AFB. L'angle FAB est le quart de l'angle ABF, et ainsi de suite sur tous les autres arcs.

Maintenant, pour connaître l'angle des asymptotes de l'hyperbole GEF, il faut diviser 180, dans le rapport de un à quatre : nous trouvons 36 et 144, pour ce rapport, qui est celui des angles correspondans. Pour décrire l'hyperbole, qui a la propriété de diviser un angle quelconque en cinq parties égales, du point A tirons la ligne AM, telle que l'angle MAB soit de 36° et l'angle ABO de 144°; ces deux angles sont entr'eux comme un est à quatre, et valent ensemble 180°. La ligne AM est donc parallèle à la ligne BO, et par conséquent n'ayant plus d'intersections, l'hyperbole GFE est décrite en entier, les lignes AM et BO sont, comme ont le voit, deux rayons vecteurs de l'hyperbole, puisqu'elles décrivent la courbe par leurs intersections continuelles. On serait tenté de croire que la ligne AM est une asymptote. Non : elle est seulement parallèle aux asymptotes. La ligne AG est le premier axe, et comme les asymptotes doivent être au centre sur le milieu de AG, tirons la ligne indéfinie HCD et parallèle à AM; elle sera l'asymptote de l'hyperbole GFE. Maintenant, pour l'asymptote de l'hyperbole opposée, dont le sommet est au point A et par le centre C, tirons la ligne indéfinie CPQ, de manière que l'angle BCP soit égal à l'angle DCB, que nous avons dit être de 36°. Alors l'angle DCP sera de 72°, qui est précisément celui que nous cherchions pour l'angle des asymptotes de l'hyperbole qui a la propriété de diviser un angle quelconque en cinq parties égales.

Pour les autres cas de division, on cherchera de même l'hyperbole qui convient avec l'angle des asymptotes.

REMARQUE.

J'ai annoncé, dans le titre de l'ouvrage, une nouvelle description de l'hyperbole; elle est en effet bien différente de celle des géomètres, en ce que les deux rayons vecteurs ne sont point placés aux foyers de la courbe. Il est constant, lorsque les deux rayons vecteurs sont placés aux deux foyers, dans l'ellipse, que la somme des deux rayons vecteurs est toujours égale au grand axe, et, dans l'hyperbole, c'est la différence des deux rayons vecteurs qui est égale au grand axe; et moi, pour décrire la même courbe, je place un rayon vecteur à l'un des sommets de la courbe, et l'autre sur le prolongement de l'axe, à une portion déterminée du premier axe que l'on nomme abscisses; et cette portion n'est déterminée que par rapport à l'hyperbole dont on a besoin, selon le problème que l'on a à résoudre.

En résumé, au lieu de calculer le rapport des lignes qui concourent à la description de l'hyperbole, je calcule le rapport des angles; quoique la démonstration que je donne ici ne soit pas suffisante pour prouver que ce soit dans tous

les cas une hyperbole, je donne les axiômes
suivans :

AXIÔME PREMIER.

(*Fig.* 6.) Si une ligne AC tournant autour
de A, et une ligne BC tournant autour de B, de
manière que l'angle DAB soit toujours égal à
l'angle DBA, l'on aura une infinité de triangles
isocèles, ADB et AEB; l'intersection continuelle
de ces deux lignes décrira une ligne droite
CDEF; et lorsque ces deux lignes seront parallèles entr'elles et en même temps perpendiculaires à la ligne AB, la ligne CDEF sera prolon-
gée à l'infini, ou, autrement dit, décrite en entier.

AXIÔME DEUXIÈME.

(*Fig.* 8.) — Si une ligne A C tournant autour
de A, et une ligne BC tournant autour de B,
de manière que l'angle CAB ne soit pas égal à
l'angle CBA, mais néanmoins lui soit toujours
dans un rapport constant, l'intersection continuelle de ces deux lignes décrira une courbe
CC'C"C"'.

AXIÔME TROISIÈME.

Si la ligne AC tournant autour de A, et la
ligne BC tournant autour de B continue à se
mouvoir, leurs intersections C'C" cesseront au

moment où elles deviendront parallèles; et ce parallélicisme est le dernier attouchement de la courbe, soit dans la convexité ou dans la concavité, celle qui fait ce dernier attouchement à la convexité sera ou l'asymptote de la courbe ou parallèle à l'asymptote.

RÉFLEXION.

Une asymptote n'est qu'une tangente qui n'atteint la courbe que dans l'infini. Quant à la ligne AC, parallèle à l'asymptote, en voici la raison : il y a des cas particuliers où un des deux rayons vecteurs qui décrivent la courbe, en devient l'asymptote : tels, par exemple, la quadratrice de Dinostrate; la ligne droite qui a servi à la décrire, ayant parcouru deux fois la hauteur du rayon, cette ligne est l'asymptote de la courbe. Il n'en est pas de même de l'hyperbole; lorsque les deux rayons vecteurs sont placés à chacun des foyers pour décrire en entier l'hyperbole, ils ne sont que parallèles aux asymptotes, en ce que les asymptotes sont toujours placées au centre de l'hyperbole; il en est de même de la courbe dont nous venons de parler concernant la multisection, qui, je crois, dans tous les cas, n'est qu'une hyperbole (C.Q.F.T. et D.).

COROLLAIRE DU DEUXIÈME AXIÔME.

(*Fig.* 9.) Soit la ligne AB, et sur le milieu de AB la ligne DE perpendiculaire à AB, soit BC égal au quart de AB et par conséquent égal à DC, soit sur la ligne AB comme corde commune une infinité d'arcs de cercle, comme AGB, AFB, AHB, et ainsi de suite à l'infini, soit une ligne CI parallèle à DE, coupant les autres arcs en des points POI, l'arc BP est plus du quart de l'arc AGB. L'arc BO, plus grand encore que ce quart, et l'arc BI encore plus, de sorte que les points GFH fuient de plus en plus la ligne CI; donc les points CGFH décrivent une courbe. Nous avons prouvé précédemment que cette courbe avait des asymptotes.

AUTRE PREUVE DE L'EXISTENCE DE CETTE COURBE.

(*Fig.* 10.) Soit la ligne AB, toujours corde commune des arcs ARB, AMB, ASB; sur le milieu de AB élevons la perpendiculaire CO, tirons les cordes BL, BK, BO; sur le milieu de CB menons à CO la parallèle DI, nous aurons CD=DB, BH=HL, BG=GK, BN=NO. Maintenant, que R soit le milieu de l'arc BRL, M le milieu de l'arc BMK, S le milieu de l'arc BSO, nous voyons que les points DRMS sont sur une ligne courbe que j'appelle hyperbole, au lieu que les points DHGN sont sur une ligne droite. Si nous n'avons pas encore prouvé que ce soit là une hyperbole, nous allons essayer la réflexion suivante :

La figure 11 représente une ellipse, la ligne AB en est le centre, tous les points de cette courbe sont à une distance proportionnelle de ce centre ; telles sont toutes les courbes rentrantes, même la parabole dont le second foyer est inassignable ; il n'en est pas de même de l'hyperbole : sa circonférence communique avec la ligne du centre, puisqu'elle est décrite entre ces deux foyers, propriété singulière de l'hyperbole. La courbe que je décris par le rapport des angles, dont j'ai fait connaître les propriétés, est toute décrite entre ces deux foyers et par conséquent semblable à l'hyperbole, autre ressemblance : une ligne droite qui la traverse, de quelque part qu'elle soit tirée, ne peut la couper qu'en deux points, ce qui me l'a fait connaître pour être du second degré, de plus elle a deux asymptotes comme l'hyperbole, donc, etc.

Si les géomètres doutent que cette courbe, qui est décrite par le rapport des angles et qui a la propriété de résoudre le problème de la multisection, soit dans tous les cas une hyperbole, puisqu'il est reconnu qu'elle l'est dans un cas particulier, je leur donne ici un fameux problème à résoudre, dans le cas général et dans les cas particuliers; pour le cas général, voici le théorème :

QUESTION D'ANALYSE MISE AU CONCOURS.

THÉORÈME FONDAMENTAL.

Fig. 8. Quelle serait l'équation générale d'une courbe passant par des points CC'C″, de manière que l'angle C'AB soit à l'angle C'BA comme l'angle C″AB est à l'angle C″BA, ou autrement dire, dans un rapport toujours constant (1) ?

COROLLAIRE DU THÉORÈME CI-DESSUS.

La ligne BC est à la ligne AC comme l'angle BAC est à l'angle C'BA, et comme l'angle C″BA est à l'angle BAC″.

RÉFLEXION.

Il y a une particularité dans ce théorème : l'équation ne serait plus générale si les deux angles étaient constamment égaux, ou dans la raison de un à un. Dans ce cas-là, il ne pour-

---

(1) Comme je crois que la courbe est généralement une hyperbole, son équation sera celle-ci :

$$\frac{A^2}{B^2}\, y = 2\,a\,x + x^2.$$

rait jamais décrire qu'une ligne droite, telle que le représente la figure 6; ce qui nous ramènerait à l'équation du premier degré. Les différens cas particuliers que nous établirons à la suite par de nouveaux théorèmes, nous garantiront des soupçons d'erreurs.

THÉORÈME II,

Semblable au premier, mais exprimé différemment.

Si l'on a une infinité d'arcs de cercle décrits sur une ligne AB, comme corde commune, et que les arcs, ainsi que la corde, soient divisés en un même nombre de parties égales, quelle serait l'équation générale de la courbe CC′C″ qui passerait par tous les points de division correspondans?

COROLLAIRE.

La ligne BC est à la ligne AC comme l'arc BC′ est à l'arc AC′, et comme l'arc BC″ est à l'arc AC″.

Après avoir suffisamment prouvé, par axiôme et théorème, l'existence de la courbe ainsi que sa description et la belle propriété qu'elle a de résoudre le problème dont il a été question, je vais maintenant donner la formule générale de description, ainsi que le moyen de connaître l'angle des asymptotes.

Soit un arc de cercle quelconque à diviser en un nombre N de parties égales, l'arc donné sera donc représenté par N, et la portion à retrancher de l'arc N sera exprimée par $\frac{1}{N}$. Le rapport constant des angles que forment deux lignes d'un mouvement circulaire pour décrire ladite courbe, sera comme $1 : N—1$. L'angle des asymptotes et donné par cette seule formule $\frac{360°}{N}$.

Nous allons expliquer cela par des exemples :

(*Fig.* 2.)

L'arc $AFB = N = 3$, l'arc $FB = \frac{1}{N} = \frac{1}{3}$.

L'angle $FAB = 1$, l'angle $FBA = N—1 = 2$.

L'angle MRS des asymptotes $= \frac{360°}{N} = 120°$.

(*Fig.* 1re.)   AUTRE EXEMPLE.

L'arc $AFB = N = 4$, l'arc $BF = \frac{1}{N} = \frac{1}{4}$.

L'angle $FAB = 1$, l'angle $FBA = N—1 = \frac{1}{3}$.

L'angle des asymptotes $= \frac{360°}{N} = 90°$.

(*Fig.* 5.)   AUTRE EXEMPLE.

L'arc $AEB = N = 5$, l'arc $EB = \frac{1}{N} = \frac{1}{5}$.

L'angle $EAB = 1$, l'angle $EBA = N—1 = 4$.

L'angle des asymptotes $= \frac{360°}{N} = 72°$.

On peut donner à N telle valeur que l'on voudra, on aura toujours le rapport des angles pour la description et l'angle des asymptotes, ce qui nous prouve que les formules générales que je viens de donner pour la description et déterminer l'angle des asymptotes de la courbe qui résout le problème de la multisection de l'angle sont bien établies.

––––––––

J'ai fait mention de l'ouvrage que je fis imprimer en 1813; il était sous le titre de *Résolution du problème de la trisection de l'angle*, avec une démonstration de celui de la multisection. Comme j'étais dans l'erreur, je ne donnerai que l'objet principal, qui est le théorème que voici :

THÉORÈME FONDAMENTAL.

Si une ligne, telle que AB, est la corde commune d'une infinité d'arcs de cercles différens, dont le plus grand ne passe pas 180°, tels que ces arcs et leur corde commune AB soient divisés en un même nombre de parties égales, je dis que si l'on fait passer une ligne par tous les points de division correspondans, ce sera une courbe circulaire, ou, autrement, un arc de cercle, à l'exception des points du sommet de ces arcs; alors la ligne qui passerait par tous ces points serait une ligne droite qui tomberait perpendiculairement sur la corde AB, et qui diviserait la corde et les arcs en deux parties égales.

———

De-là suivent les corollaires; je ne les répèterai pas, à cause de l'erreur manifeste qui en résulte.

En effet, je ne pouvais pas borner tous mes arcs de cercles à la demi-circonférence, puisque, tant au-dessus qu'au-dessous, il peut y en avoir une infinité. Je m'étais aussi trompé en disant que la courbe qui passe par les points de divisions correspondans est une courbe circulaire, tandis que la courbe n'est point rentrante et qu'elle s'étend à l'infini, et encore qu'elle a deux asymptotes.

C'est une illusion que je m'étais faite; je suis heureux de pouvoir la dissiper, et faire maintenant connaître aux géomètres des vérités incontestables. A l'égard de ce qui m'a paru douteux, j'ai laissé la question indécise et à résoudre en la mettant au concours du public.

J'ai fait traduire le morceau suivant, pensant faire plaisir au public en le mettant à la portée de tout le monde.

EXTRAIT des Collections mathématiques de PAPUS ; d'Alexandrie, en huit livres, édition latine de 1589.

PROBLÈME X.

LIVRE IV. — PROPOSITION XXXIV.

(*Fig.* 13.) Et, d'une autre manière, que l'on coupe la partie d'une circonférence donnée, sans inclinaisons vers un lieu désigné de cette manière :

Soit conduite une ligne droite et que sur des points donnés A et C, on forme la figure ABC, qui décrit l'angle ACB, double de l'angle CAB. Je dis que le point B est à l'hyperbole. Soit ensuite conduite la perpendiculaire BD, et que l'on forme par une semblable DE égalant CD, donc la ligne BE, sera égale à EA. Que l'on pose aussi EF égal à DE. FC étant triple de CD, AC est triple de CG. Le point G sera donc donné, et le reste AF est triple de GD. Comme le carré BD est plus grand que les carrés BE et EF, le rectangle DAF est aussi plus grand. Le rectangle DAF, contenant trois fois ADC, sera égal au carré BD ; donc le point B est à l'hyperbole ,

dont le côté latéral de la figure posé vers l'axe,
est AG ; mais le côté droit est triple de AG. Il est
certain que le point C, décrit au haut de la section une ligne droite CG, qui est la moitié du
côté transversal de la figure, c'est-à-dire de AG.

Mais la composition est manifeste. Il s'agit de
couper tellement une ligne droite, AC, que AG
soit double de GC, et de décrire autour de l'axe
AG, par G, une hyperbole dont le côté droit de
la figure soit triple de AG, et qu'il soit indiqué
qu'elle rend la proportion des angles doubles de
ce que nous avons dit. Il est évidemment certain aussi, que l'hyperbole ainsi décrite, tranche
la troisième partie de la circonférence donnée
du cercle, si cependant les points AC, termes de
la circonférence, sont posés.

COMMENTAIRES.

(*Fig.* 14.) Et, d'une autre manière, que
l'on trace la part d'une circonférence donnée,
sans inclinaison vers un lieu fixe, de cette manière : les géomètres ont coutume de nommer
lieu fixe, quand les lignes par lesquelles le problème se résout, ont leur origine de la section
des fixes, telles que les sections du cône, et
quelques autres, mais ici, on se sert de l'hyperbole ; car le problème ne se résout pas par un

seul point; mais par plusieurs, ainsi qu'on le verra plus bas.

Soit une ligne droite, qui, dans une position donnée, soit conduite par AC. (Ici commence la résolution du problème, dans lequel, on doit d'abord chercher à couper en trois parties l'angle donné, quoique la circonférence donnée du cercle, puisse être coupée en trois parties.)

Soit formé ABC, formant l'angle ACB, double de l'angle CAB, soit conduite la perpendiculaire BD, que l'on coupe DE égal à CD.

Lorsque la perpendiculaire BD tombe entre A et C, comme dans la figure 13e, DE est coupé dans la partie A; mais quand elle tombe hors de C, comme dans la figure 14e, elle est coupée dans l'autre partie. On doit donc comprendre de la ligne EF, que si elle tombe en C, le point E serait inutile pour la démonstration.

(*Fig.* 15.) Donc la ligne jointe, BE, sera égale à EA. Car, puisque ED est égal à DC, et BD commun à tous deux, les angles sont droits en D; la base EB est égale à la base BC, et l'angle BEC égal à l'angle BCE. Parce que BEC est double de l'angle BAE et est égal aux deux BAE et ABE, donc ils sont égaux entre eux, ainsi que les côtés inférieurs BE et EA. C'est ainsi que nous argumentons lorsque la perpendiculaire BD tombe entre A et C.

Mais lorsqu'elle tombe dehors, comme dans la figure 14.ᵉ, de cette manière : parce que le reste des deux droits BEF est égal à l'angle BCA, donc il est double de l'angle BAF et des autres qui suivent. Mais lorsque la perpendiculaire tombe en C, il s'ensuit que AC, CB sont égaux; car si l'angle ACB est double de l'angle BAC, le reste ABC sera nécessairement égal à BAC.

Sera donc donné le point G], CG sera pour l'étendue donnée, selon le chap. 2.ᵉ des instructions données, et on aura toute la ligne AC, pour la position donnée. Que si le point C est donné, le point G le sera également (27.ᵉ chap. des mêmes).

(*Fig.* 16.) Et le restant AF est triple de CD.] Il suit du 19.ᵉ chap. des Élémens de Quintus, et si l'on suit la seconde figure du 12.ᵉ chap. du même, que, comme AC est triple de CG, et FC triple de CD, AC et CF seront tous les antécédens de tous les conséquens AF et GC, CD triple de GD.

Et comme le carré BD est plus grand que les carrés BE, EF,] soit conduite, FE égale à ED. Le carré BD est plus grand que les carrés BE et EF; que les carrés BD, DE soient égaux au carré EB, selon le chap. du I.ᵉʳ liv. des Élémens.

Et comme le rectangle DAF est aussi plus grand :] si l'on coupe la ligne droite DF en deux parties égales dans le point E, et que l'on y ajoute FA, le rectangle DAF sera entièrement égal au carré FE; ce qui arrive aussi au carré CA, selon le chap. 6.ᵉ du II.ᵉ liv. des Elémens. Donc le rectangle DAF est plus grand que le carré AF, et le carré BE est plus grand que le carré EF. C'est pourquoi il est certain que le rectangle DAF est égal au carré BD. Mais, d'après la quatorzième figure, nous dirons ainsi : parce que la ligne droite FD est coupée en deux parties en E, et que l'on y ajoute DA, le rectangle FAD, qui est le même que le carré DE, est égal au carré EA, et le reste ainsi qu'il suit.

Le rectangle DAF, contenant trois fois ADG, sera égal au quarré BD.] Comme AF est triple de GD, ayant pris l'élévation commune AD, le rectangle DAF sera triple du rectangle ADG. Donc, puisqu'il contiendra trois fois ADG, il sera égal au rectangle DAF.

(*Fig.* 17.) Donc le point B est à l'hyperbole, donc, etc.] Car lorsque le rectangle DAF ou bien le carré BD est triple du rectangle ADG, le carré BD aura envers le rectangle ADG la même proportion qu'a le côté droit de la figure envers le transversal, parce que, suivant la conversation 21.ᵉ du I.ᵉʳ liv. des Cônes, le point B sera à l'hyperbole; mais si la perpendiculaire tombe en C, comme dans la quinzième figure, nous argumenterons ainsi : Comme AC est triple de CG, le carré AC ce qui est le quarré BC, aura envers le rectangle ACG triple proportion de celle qu'a le côté droit de la figure envers le transversal, et pour cela il est nécessaire que le point B soit à l'hyperbole.

Et il est certain que le point C décrit au haut de la section une ligne droite CG, qui est la moitié du côté transversal de la figure.] Soit faite la ligne AC, triple de CG. Donc CG, placé entre le point C et le haut de la section du côté transversal, sera la moitié de la figure.

(*Fig.* 18.) Mais la composition est manifeste.] Soit la ligne droite AC, dont la position et l'étendue soient données, qui soient coupées au point G, que AG soit double de GC; soit donné l'angle rectangle HKL qu'il faut couper en trois parties; ayant conduit LK vers M, l'angle HKM, sera le reste donné de deux droits, parce que dans la ligne droite donnée est décrite la portion du cercle, prenant l'angle égal à l'angle donné HKM, et autour de l'axe AG (*Fig.* 19), est décrite par G l'hyperbole dont le côté transversal de la figure est AG; le côté droit est triple de AG, et coupe la circonférence du cercle en B; qu'ensuite, du point B, a perpendiculaire soit conduite vers C, qui

3..

touche ou en dedans du point C, ou en dehors,
ou en C même. Qu'elle tombe d'abord en
dedans ou en dehors et soit BD, soit AF triple
de DG et FD coupé en deux parties dans le point
E; soient joints AB, BE, BC. Donc le quarré BD a
la même proportion envers le rectangle GDA que
le côté droit envers le transversal, suivant le 21.ᵉ
chap., I.ᵉʳ liv. du Cône, et par conséquent le carré
BD est triple du rectangle GDA; mais le rectangle DAF en est aussi triple, et AF sera triple de
GD. Donc le rectangle DAF sera égal au carré
BD. (*Fig.* 20.) Mais le carré BD est plus grand,
parce que le carré BC surpasse le carré ED;
mais le rectangle DAF est plus grand, parce que
le carré AE surpasse le carré EF ou le carré
ED. (*Fig.* 21.) Le rectangle DAF, le même que
le quarré EF, est égal au carré AE; comme il
suit que le carré AE est égal au carré EB;
donc la ligne droite AE est égale à EB, et l'angle
ABE à l'angle EAB. Comme donc AE est triple
de CG et AF triple de GD, le restant FC sera
triple de CD, et pour cela FD double de DC;
mais étant aussi double de ED, donc ED et DC
sont égaux, et pour cela EB et BC sont égaux,
et l'angle BCE, égal à l'angle BEC; mais dans la
treizième figure, l'angle BEC, et dans la 14.ᵐᵉ
l'angle BEF est double de l'angle BAC. (*Fig.* 22.)
Donc l'angle BCA est double de l'angle CAB, et

par conséqüent la circonférence AB sera double de la circonférence BC.

(*Fig*. 23.) Que si la perpendiculaire tombe sur le point C, il se démontrera également que le carré BD est triple du rectangle GDA, et si AC est triple de CG, le carré AC est triple du rectangle GDA, et si AC est triple de CG , le carré AC sera triple du rectangle GCA. Donc le carré AC est égal au carré CB, et la ligne droite AC égale à la droite CB, et l'angle ABC égal à l'angle BAC; donc l'angle droit BCA est double de l'angle BAC, et la circonférence AB double de la circonférence BC, parce que AB et CB sont conduits aux points N et X, et que par B est conduite BO parallèle à AC; je dis que l'angle NBO est la troisième partie de l'angle HKL donné, parce que la portion du cercle ABC forme l'angle équilatéral; ayant donné l'angle HKM, l'angle ABC ou l'angle XBN sera égal à l'angle HKM , donc le restant des deux droites, NBC, est égal à ces HKL; mais l'angle BCA ou l'angle CBO est double de l'angle CAB, c'est-à-dire de NBO, ainsi qu'il a été démontré; mais l'angle NEO est le tiers de l'angle NBC, ou de HKL, et si nous coupions l'angle OBC en deux parties, l'angle donné HKL sera coupé en trois parties.

AUTREMENT.

Quelques-uns expliquent ce problème en faisant couper par l'angle la circonférence en trois parties. Voici cette proposition; rien n'y diffère, soit que nous coupions l'angle ou bien la circonférence.

(*Fig.* 24.) Soit posée la figure, et que la troisième partie de la circonférence soit coupée BC, et que l'on joigne AB, BC, CA. Donc l'angle ACB est double de l'angle BAC. Soit coupé l'angle ACB en deux parties, par une ligne droite CD, et que l'on mène les perpendiculaires DE, BF. Donc AD est égal à DC, et par conséquent AE est égal à EC. Que l'on donne donc le point E. C'est pourquoi, parce que AC est à CB comme AD est à DB, c'est-à-dire AE à EF; et en changeant, CA est à AF comme BC est à EF; CA est double de AE, donc BC est double de EF, et par conséquent le carré de BC, ou bien les carrés BF et EC sont quadruples du carré EF. Donc, lorsque les deux points EC sont donnés, ainsi que la perpendiculaire BF, la proportion du carré EF envers les carrés BF et EC, sera le point B vers l'hyperbole. Ainsi, pour la circonférence du cercle, le B est donc donné et la composition est manifeste.

COMMENTAIRE.

Donc AD est égal à DC, et par conséquent AE est égal à EC.] Car, parce que l'angle ACB, qui est double de l'angle CAB, est coupé en deux parties par la ligne droite CD, l'angle DAE sera égal à l'angle DCE, et les angles de E sont droits chacun. Donc le restant est égal au restant, et le triangle ADE est équiangle avec le triangle EDC ; donc ED est à DA comme ED est à DC, parce que AD et DC sont égaux entre eux, et de la même manière AE et EC sont démontrés égaux.

Donc est donné le point E,] suivant le 7.ᵉ et 27.ᵉ des chap. donnés.

C'est pourquoi, parce que AC est à CB comme AD est à DB,] suivant le 3.ᵉ des élemens de Sectus.

Donc, lorsque les deux points EC sont donnés, ainsi que la perpendiculaire BF, la proportion du carré EF envers les carrés BF, FC sera le point R, vers l'hyperbole.] Ceci est démontré par Pappus, à la fin du septième livre, par la proposition 237. Mais nous résolvons cependant autrement cette question qui nous est proposée, et nous l'établissons de cette manière (*Fig.* 25).

Soient établies les mêmes figure ci-dessus, et conduites les perpendiculaires DE et BF,

soit posé FE égal à EH ; et que CF soit égal
à FK et à KL, et AG double de GC. Il sera démontré (*Fig.* 26), de même que ci-dessus, que
AL est triple de GF, et AH sera égal à CF, et
AL égal à HK. Lorsque maintenant AE est égal
à EC, et HE à EF, il résultera que AH sera égal
à FC ou à KL. Comme dans les treizième et quatorzième figures, les cônes HL sont retranchés
ou ajoutés; mais les cônes AK ajoutés dans la
quinzième, AL sera égal à HK. C'est pourquoi,
comme il est démontré antérieurement que les
carrés BE et FC sont quadruples du carré FE, le
carré FH est quadruple aussi de FE; si FE est
égal à EH, le carré FH sera égal aux carrés BF
et FC. Mais, dans la 13.me et dans la 14.me
figure, les carrés FK et KH sont égaux au carré
FH, ou doubles du rectangle FKH, ou égaux
avec le rectangle FLA; car LF est double de FK,
et LA égal à KH; mais le rectangle FAL est égal
au carré KH ou au carré LA, ce qui est la même
chose au rectangle FLA. Dans la 15.me figure,
le rectangle LAF, égal au carré FK, est égal au
carré FH ou au carré AK. (*Fig.* 27.) Vu que si
la ligne droite LF est coupée en deux parties en
K, et que l'on y ajoute FA, donc le rectangle
FAL, égal au carré FK, est égal aux carrés BF
et FC; que si le carré FK est égal au carré FC, il
résulte que le rectangle FAL est égal au carré

BF; mais le rectangle FAL lui est égal, parce qu'il contient trois fois AF, FG. C'est pourquoi, comme il est déjà démontré plus haut, il est évident que le point B est à l'hyperbole, dont le côté transversal est AG, et dont le côté droit est triple de AG. (*Fig.* 28.) Que si la perpendiculaire, conduite du point B, tombe au point C, comme dans la seizième figure, comme l'angle ACB droit est double de l'angle BAC, l'angle ABC sera égal à l'angle BAC, et la ligne droite BC égale à CA. Donc le carré de BC est égal au carré de CA; mais le carré de CA en est triple, parce qu'il contient AC, CG, et AC est triple de CG; donc, comme le carré de BC est triple du rectangle ACG, le point B est également à l'hyperbole, dont le côté transversal est AG, et dont le côté droit est triple de AG.

Et la composition en est manifeste;] car, soit la circonférence ABC, que nous devons couper en trois parties. Il faut d'abord couper tellement la ligne droite AC, que AG soit double de GC, ensuite, autour de l'axe AG, décrire par G l'hyperbole, dont le côté transversal soit AG, et dont le côté droit soit triple de AG, coupera la circonférence du cercle en B, et que du point B soit conduite la perpendiculaire BF, soit AL triple de FG, et FL coupé en deux parties en K. Que AC soit encore coupé en deux parties, en E, et que EF soit égal à EH, et soient joints AB, BC. (*Fig.* 29.) Que du point E soit élevée la perpendiculaire, qui coupe la ligne droite AB en **D**. Puisque AC est triple de CG, et AL aussi triple de GF, il suit que LC est triple de CF, et aussi que LF est double de FC, et LK, KE, EC égaux entre eux. C'est pourquoi, comme dans les exemples ci-dessus, AH est égal à FC, et AL est égal à HK.

(*Fig.* 30.) Donc le carré de BF est égal à celui qui contient trois fois AF et FG, c'est-à-dire au rectangle FAL. Mais le rectangle FAL, dans la treizième et la quatorzième figure, est égal au rectangle FLA, ainsi qu'au carré de LA; et également égal au double du rectangle FKH, de même qu'au carré de FH. Donc le carré de BF est égal au double du rectangle FKH et au carré de KH. (*Fig.* 31.) C'est pourquoi, leur ayant ajouté le carré commun de FC, ce qui est FK, les carrés de BF et FC seront égaux aux carrés de FK et KH, ce qui est le même avec le double du rectangle FKH; mais le carré de BC est égal aux carrés de BF, FC, et le carré de FH est égal aux carrés de FK, KH, les mêmes que le double du rectangle EKH. Mais, dans la quinzième figure, si le carré de BF est égal au rectangle FAL, ayant ajouté le carré C de chaque cône, ce qui est aussi le carré FK, les carrés de BF et FC, ou

le carré de BC, seront égaux au rectangle FAL,
ou au carré FK, aussi égaux au carré KA ou au
carré FH. Mais le carré de BC est égal au carré
FH, et la ligne droite BC égale à la droite FH,
et donc BC double de FE ; donc BC est à FE
comme CA est à AF, et, en transposant, AE est
à EF, ou AD à DB, comme AC à CB. C'est pourquoi l'angle ACD est égal à l'angle DCB.

(*Fig.* 32.) Dans la seizième figure, lorsque
la perpendiculaire du point B tombe en C, à
cause de l'hyperbole, le carré de BC sera triple
de lui-même, parce qu'il contient AC et CG ; mais
le carré de AC sera triple de lui-même, parce
que AC est triple de CG. Donc le carré AC est
égal au carré de CB, et AC égal à CB ; et, puisque CE est la moitié de AC, il sera de même la
moitié de BC. Donc, encore, BC est à CE comme
CA est à AE, et, en transposant, AE est à EC,
ou AD à DB, comme AC est à CB. Comme l'angle DCA est égal à l'angle DCB, et ayant conduit
CD vers la circonférence en M, la circonférence
CB sera égale à la circonférence BM. C'est pourquoi donc AE, EC et DE sont égaux aux deux
angles communs, droits en C ; la base AD sera
égale à la base DC, et le triangle ADE semblabl e
au triangle DEC ; donc l'angle DAC est égal à
l'angle DCA, et la circonférence GB à la circonférence AM ; mais aussi elle sera égale à la cir-

conférence BM. Donc la circonférence ABC est coupée en trois parties égales, AM, MB, BC, ce qu'il a fallu faire.

OBSERVATIONS.

J'ignore si Pappus est seulement l'historien ou l'auteur de cette belle proposition; quoi qu'il en soit, elle est contenue dans ses collections, liv. IV.ᵉ, proposition XXXIV (*voyez* M. Montucla, *Histoire des Mathématiques*, t. I, p. 195). Je dois avouer que la solution donnée par Pappus est due à une analyse plus subtile que celle que j'ai fait connaître dans le cours de cet ouvrage.

Pour satisfaire le public, je tâcherai de la développer dans l'ouvrage supplémentaire que j'ai promis.

En 1813, je n'avais nullement connaissance de l'histoire de Pappus; je savais seulement que les géomètres cherchaient à sous-tripler l'angle quelconque.

Les anciens ne voulaient pas que l'on introduisît, pour la résolution de ces genres de problèmes, d'autres lignes que la droite et la circulaire, ce qu'ils appelaient résoudre dans la rigueur géométrique. Un grand géomètre (1)

(1) Mathématique universelle du P. Castel, *page* 474 et 475.

dit dans son ouvrage : « Les modernes ont passé
» sur ce scrupule ; ils ont sous-triplé l'angle et
» aussi doublé le cube par d'autres courbes que
» le cercle, en quoi ils ont bien fait. Nous se-
» rions trop heureux si nous pouvions de même
» carrer le cercle : le problème serait entière-
» ment résolu, nous n'aurions plus rien à dé-
» sirer. »

Depuis que les géomètres ont reconnu que le
problème de la trisection de l'angle, ainsi que
celui des deux moyennes proportionnelles ,
étaient du 3.e degré, et que la géométrie simple
était insuffisante, ils ont tourné leurs vues du
côté de la géométrie composée , pour avoir ce
que les anciens appelaient *les lieux solides ;*
car, de ce temps-là, on ne connaissait pas l'ap-
plication de l'algèbre à la géométrie.

Ces lieux solides servaient à résoudre par
plusieurs points ou point multiple, ce qui, en
un mot, est le fondement de la solution de
Pappus, qui dépend aussi de quelques propriétés
particulières de l'hyperbole. Il faut être fami-
liarisé avec la méthode des anciens pour en
apercevoir la beauté.

CONCLUSION.

REMARQUE ESSENTIELLE.

Le titre que porte cet ouvrage, de : *Nouvelle description et propriété de l'hyperbole*, ne doit pas être pris tout-à-fait à la lettre ; je n'y ai pas souscrit : c'est une opinion quant à l'espèce de courbe.

J'ai annoncé, dès le commencement, que j'avais la description générale d'une courbe qui a la propriété de résoudre le célèbre problème dont il a été question, et que, quant à la manière d'en déterminer le genre ou l'espèce, la question était mise au concours du public.

Ce n'est pas sans raison d'analyse que je me suis permis de la nommer hyperbole ; elle est convexe vis-à-vis de son centre, ou, pour mieux dire, elle lui tourne le dos ; elle a aussi deux asymptotes. On a, de plus, démontré que c'est une hyperbole dans un cas particulier ; la description générale, par le rapport des angles, est tout-à-fait semblable à ce cas particulier.

Tout ce qu'il pourrait arriver dans les recherches qui auront probablement lieu, c'est que, peut-être, ce ne sera pas l'hyperbole ordinaire ; nous avons la parabole cubique, et même de tous les degrés, comme nous pouvons avoir des hyperboles également ; donc, etc.

En résumé, je ne prends, pour ma part de découverte, que la résolution du problème de la multisection de l'angle, en donnant la description de la courbe qui convient dans tous les cas; de plus, la formule générale pour le rapport des angles de descriptions, et la formule générale pour l'angle des asymptotes.

Quant à l'instrument pour décrire les courbes, dont je crois fermement être l'inventeur, cette découverte suppose des connaissances de haute et sublime géométrie métaphysique du mouvement.

Le public jugera par cette faible esquisse que mon travail n'est point terminé, mais qu'il est seulement à peine ébauché.

J'ai dit (*page* 18) que l'hyperbole opposée (*fig.* 2) coupait les cercles en des points tels que $q\mathrm{V}$, dont je ferai, plus tard, connaître les propriétés. J'avoue que je m'en suis rapporté au raisonnement de Montucla ; relativement à la solution de Pappus, *voyez* son *Histoire des Ma-thématiques*, tome I, pages 195 et 196.

Je prie les géomètres de croire sincèrement que je recevrai toute réfutation ou observation avec grand plaisir ; je tâcherai même d'y répondre selon ma capacité : cela me servira d'instruction et d'encouragement.

FIN.

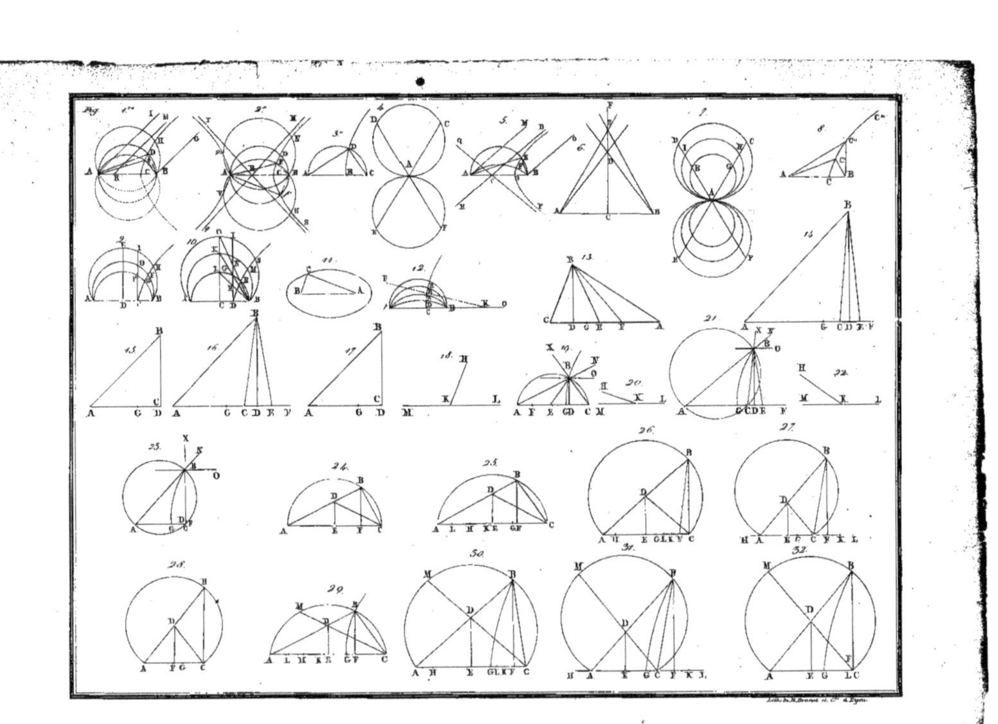

LYON. — IMPRIMERIE DE J. M. BOURSY,
Rue de la Poulaillerie, n° 19.

9 782013 684774